学习编程，从这套书开始！

孩子看的编程启蒙书 第2辑

① 生活中的编程

[日] 松田孝 / 著　丁丁虫 / 译

青岛出版社
QINGDAO PUBLISHING HOUSE

发现生活中的 编程

编程，就像搭积木一样，通过一步一步地编写程序，指挥计算机做各种事情。

那程序又是什么呢？

程序，就是将需要计算机执行的算法，按照一定顺序写下来的一系列指令。

我们身边有各种各样的机器，它们为生活提供了许多便利。

在这些机器中，许多都藏着经过编程的计算机。

阅读这本书，你会发现：
原来，编程就在我们身边！

目 录

去超市买烤肉用的东西！

超市

买东西

今天，我们要和表哥去郊外野营。大家约好在超市集合，采买食物。

等我们到达超市时，表哥已经带着机器人在买东西了。

是表哥！

哇，机器人！

表哥的工作是研发机器人，今天正好把它带出来试验一下。

表哥提前给这个机器人
编好了程序，让它可以自己
买东西。

它接下来又要买什么呢?

哔哔哔……

哔哔哔……

原来，这个人的穿衣打扮，刚好和表哥编写在 **程序** 里的玉米的模样相似，所以机器人弄错了！

这才是玉米哟！

这个机器人的身体里藏着计算机，计算机的作用就像人类的大脑一样。我们会在计算机里编写程序，指挥机器人做事情。不过，要让机器人按照程序完全正确地买到东西，还是有点难度的。

机器人的身体构造

头

里面藏有经过编程的计算机，它会向眼睛、嘴巴、四肢发出指令，指挥它们行动。

计算机

眼睛

装有图像传感器，能够识别物体的外形信息。

嘴巴

装有扬声器，能够说出预先编程好的语句。

四肢

带有关节，可以按照编程的指令行走、拿东西。

经过 **编程**，机器人可以自己行动。

编写相关程序

先想好需要机器人做的事情，把步骤用计算机专用的语言写下来。

大致流程是这样的。

野营地

超市

①从野营地去超市。

②寻找要买的东西。

③找到后放进篮子里。

给机器人发布指令

将编写好的程序输入机器人的计算机里。

计算机

哔哔哔……

哔哔哔……

哔哔哔……

虽然有时机器人也会出错……不过，大多数情况下，它都可以按照编程的指令把东西买好！

它还认识回去的路呀！

很快就到野营地了！

只要给**计算机编程**，
它就能指挥机器人做各种各样的事情！

哪些是经过编程的呢？

找一找，在这些东西当中，哪些里面藏着计算机，
人们可以给它们编程、指挥它们行动呢？

微波炉 冰箱 空调 户外钟表 音乐喷泉

电视机

滑梯

沙发

路灯

智能电动自行车 可视对讲门铃

列车

铁路道口的信号灯

自动检票机

长椅

自动售货机

交通信号灯

自动行驶的汽车

自动门

智能手机

自行车

智能音箱

扫地机器人

笔记本电脑

答案在下一页。

19

看，有这么多东西都是经过编程的呢！人们给计算机编程，就可以指挥它们实现各种各样的目标，给生活带来便利。

原来，这些全都经过编程了呀！

户外钟表

提示时间。

冰箱

冷藏和保存食物。

空调

使房间保持适宜的温度。

音乐喷泉

跟随音乐的变换改变喷水方式。

微波炉

加热食物。

电视机

播放电视节目，还可以把节目录下来看。

路灯

天黑时自动亮灯，为行人提供照明。

自动售货机

➡见第22页

智能电动自行车

辅助骑行，节省人蹬自行车的力气。

可视对讲门铃

用摄像头拍摄门外的情况，把图像传回屋内。

自动售货机为什么能自己卖东西呢？人们是怎么给它编程的呢？

智能音箱

➡见第26页

自动驾驶技术

➡ 见第24页

列车

铁路道口的信号灯

在列车即将经过时发出警报，降下栏杆。

自动售货机

方便人们自助购买东西。

自动检票机

读取交通卡的信息，开启出入栏杆。

交通信号灯

按照设定好的时间变换颜色，指挥交通。

自动行驶的汽车

帮助人们安全出行。

自动门

感应到有人经过时，自动开门。

听说再过不久，汽车就不需要司机了，可以自动行驶，这是真的吗？

智能手机

扫地机器人

避开障碍，清扫房间。

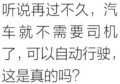
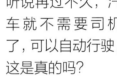

智能音箱

可答问题，播放音乐。

笔记本电脑

从下一页开始，会给大家详细介绍 3 个常见的编程应用！

智能音箱里有类似 AI（人工智能）的程序！它藏在互联网中，默默地为我们工作。

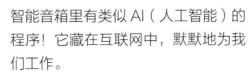

原理点拨

自动售货机

投币进去，按钮就会变亮；挑选自己想要的东西，按下前面的按钮，相应的商品就会掉出来——这就是使用自动售货机的过程。这个过程虽然简单，但如果没有事先进行编程，就无法实现。

冬天时，不管外面气温有多低，里面的饮料都能保持温热，这也是编程的功劳！

自动售货机的工作原理

1 投币进去，可购商品前面的按钮就会亮起来。

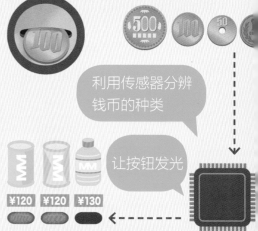

利用传感器分辨钱币的种类

让按钮发光

¥120 ¥120 ¥130

计算机

2 按下亮起来的按钮，相应的商品就会掉入取货口。

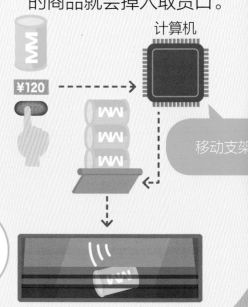

计算机

¥120

移动支架

※ 本书中出现的钱币和金额皆指日元。

自动售货机的工作流程图

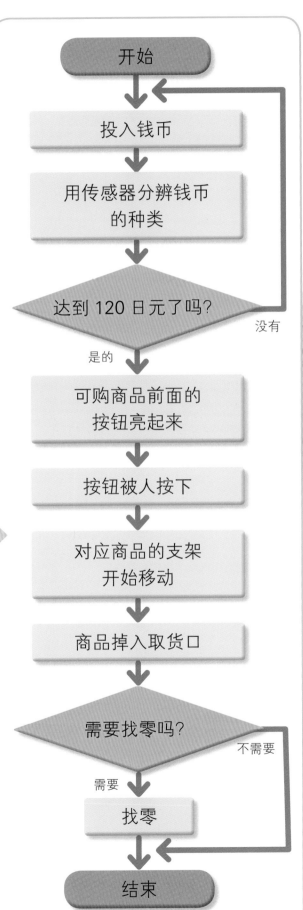

开始
↓
投入钱币
↓
用传感器分辨钱币的种类
↓
达到 120 日元了吗？ — 没有
是的 ↓
可购商品前面的按钮亮起来
↓
按钮被人按下
↓
对应商品的支架开始移动
↓
商品掉入取货口
↓
需要找零吗？ — 不需要
需要 ↓
找零
↓
结束

图像传感器

向你推荐这些商品

买什么好呢？

还有这样的自动售货机

用图像传感器读取购买者的年龄和性别，结合购买时间，推荐合适的商品。使用这种设备的人越多，它推荐的准确率就会越高。

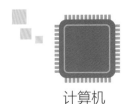

傍晚时分，十岁左右的女孩子，经常买的东西是……

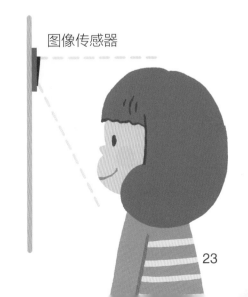

计算机

图像传感器

原理点拨

自动驾驶技术

汽车的自动驾驶技术能为安全出行提供帮助，减少交通事故的发生。它也是通过编程来实现的！

自动驾驶技术

当路况出现问题、车辆只能跟随车流慢吞吞地向前挪动时，能够自动调整方向和调节车速的技术就显得特别有用！

防止偏离车道

调整方向

保持安全车距

调节车速

※ 图中的车辆是 2018 年 8 月的产品。

汽车的导航系统也是经过编程的！

自动驾驶的工作流程图

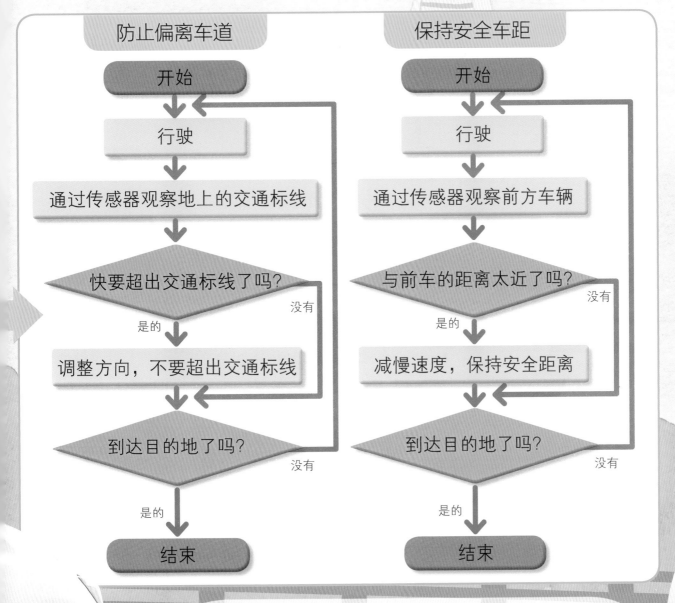

防止偏离车道

开始

↓

行驶

↓

通过传感器观察地上的交通标线

↓

快要超出交通标线了吗？ —没有→

是的 ↓

调整方向，不要超出交通标线

↓

到达目的地了吗？ —没有→

是的 ↓

结束

保持安全车距

开始

↓

行驶

↓

通过传感器观察前方车辆

↓

与前车的距离太近了吗？ —没有→

是的 ↓

减慢速度，保持安全距离

↓

到达目的地了吗？ —没有→

是的 ↓

结束

自动驾驶技术还在不断进步

据说，随着自动驾驶技术的发展，所有的开车行为都将可能实现自动化，不再需要司机。为了实现这个目标，不仅需要发展与汽车相关的技术，更需要建立完善的通信环境，以便控制系统可以随时随地准确掌握并判断道路交通状况。

原理点拨
智能音箱

智能音箱既能播放音乐，又能回答问题。

人们是怎么给它编程的呢？一起来看看吧。

你好，请播放音乐！

你好，讲个绕口令吧！

你好，请开灯！

© Google

好的，开始播放音乐。

有的智能音箱还能分辨不同人的声音呢！

绕口令啊，好的。吃葡萄不吐葡萄皮，不吃葡萄倒吐葡萄皮。

好的，开灯了。

 ※ 不同智能音箱的启动语不同。

对着智能音箱说话，互联网上的"APP 助手"就会搜索问题的答案，并作出回应。

※"APP 助手"其实是智能音箱自带的软件（指挥计算机行动的程序），类似 AI（人工智能）。不同的智能音箱使用的软件不同。

台灯

APP 助手

互联网

电视机

扫地机器人

智能音箱能做的事情还真多呢！

智能音箱还能指挥与它适配的产品。

像这样，把我们身边的东西都连入互联网，叫作 IoT，也就是我们常说的物联网。IoT 能让信息交换变得顺畅，减少浪费！

智能音箱的工作流程图

开始
↓
有人说出启动语
↓
听到·启动
↓
接受问题或指令
↓
连接互联网
↓
回答问题，或者播放音乐，或者指挥与它适配的产品行动。
↓
结束

※ IoT 的全称是 Internet of Thing，意思是"物联网"。

图书在版编目（CIP）数据

孩子看的编程启蒙书 . 第 2 辑 . 1, 生活中的编程 /（日）
松田孝著；丁丁虫译 . —青岛 : 青岛出版社 , 2019.10
　　ISBN 978-7-5552-8498-7

　　Ⅰ . ①孩… Ⅱ . ①松… ②丁… Ⅲ . ①程序设计—儿童
读物 Ⅳ . ① TP311.1-49

　　中国版本图书馆 CIP 数据核字（2019）第 176794 号

Programming tte, Nandarou?
Copyright © Froebel-kan 2018
First Published in Japan in 2018 by Froebel-kan Co., Ltd.
Simplified Chinese language rights arranged with Froebel-kan Co., Ltd.,
Tokyo,through Future View Technology Ltd.
All rights reserved.

Supervised by Takashi Matsuda
Designed by Maiko Takanohashi
Illustrated by Etsuko Ueda
Produced by Yoko Uchino(WILL)/Ari Sasaki

山东省版权局著作权合同登记号　图字：15-2019-137 号

书　　名	**孩子看的编程启蒙书（第 2 辑①）：生活中的编程**
著　　者	[日]松田孝
译　　者	丁丁虫
出版发行	青岛出版社
社　　址	青岛市海尔路 182 号（266061）
本社网址	http://www.qdpub.com
团购电话	18661937021 （0532）68068797
责任编辑	刘倩倩
封面设计	桃　子
照　　排	青岛佳文文化传播有限公司
印　　刷	青岛名扬数码印刷有限责任公司
出版日期	2019 年 10 月第 1 版　2019 年 11 月第 2 次印刷
开　　本	16 开（889mm×1194mm）
印　　张	8
字　　数	87.5 千
书　　号	ISBN 978-7- 5552-8498-7
定　　价	98.00 元（全 4 册）

编校印装质量、盗版监督服务电话　4006532017　0532-68068638